はじめに

皆さんは、冬に虫たちを探してみたことはありますか？ 春、夏、秋に元気に活動していた虫が、寒い時期になると姿を消してしまうと感じたことはないでしょうか？ 冬の間、虫たちはどうしているのでしょう？

じつは多くの虫たちは、さまざまな方法で雨風や冬の寒さから身を守り、あたたかい春の訪れをじっと待っているのです。野山や川、そして都会の公園などで虫たちの一生を観察しながら、冬ごしの様子をそっとのぞいてみましょう。

小さな虫たちをより身近に感じることができるかもしれませんよ。

目次

- はじめに ……………………… 2
- ナミアゲハ …………………… 4
- アカボシゴマダラ …………… 6
- ルリタテハ …………………… 8
- ミドリシジミ ………………… 9
- オオミズアオ ………………… 10
- オオミノガ …………………… 11
- フユシャクの仲間 …………… 11
- オオカマキリ ………………… 12
- チョウセンカマキリ ………… 14
- コカマキリ …………………… 15
- ハラビロカマキリ …………… 15
- ナミテントウ ………………… 16
- カブトムシ …………………… 18
- ノコギリクワガタ …………… 20
- アブラゼミ …………………… 22
- コラム 公園で探してみよう！ … 24
- トノサマバッタ ……………… 26
- ニホンミツバチ ……………… 28
- シオカラトンボ ……………… 29
- タガメ ………………………… 30
- さくいん・用語 ……………… 31

この本の使い方

- 分類：チョウ目 アゲハチョウ科
- 分布：日本全土
- 環境：公園、草原、林縁部
- 前ばねの長さ：50mm前後

分類：どの昆虫の仲間にふくまれるのかを示しています。
分布：日本でふだんすんでいる地域です。
環境：どのような環境でくらしているかを表しています。
体長：頭の先からおなかの先までの長さで、触角やメスの産卵管、カブトムシの角などはふくみません。
前ばねの長さ：前ばねのつけ根から先端までの長さ。

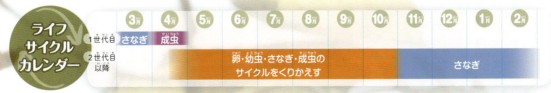

ライフサイクルカレンダー

	3月	4月	5月	6月	7月	8月	9月	10月	11月	12月	1月	2月
1世代目	さなぎ	成虫										
2世代目以降			卵・幼虫・さなぎ・成虫のサイクルをくりかえす						さなぎ			

※基本は1年のライフサイクルを示しています。
※おもに関東周辺の気候を目安としています。地域によって時期にずれがあり、卵から成虫になるサイクルの回数がことなることがあります。
※カレンダーは3月始まりと4月始まりがあります。

さなぎ ナミアゲハ

冬ごしする場所 木、壁などの人工物

壁や木などの温度や湿度の変化の少ない場所にさなぎがあるよ！翌年の春に羽化するんだ。

ナミアゲハは、白色に黒いもようが入ったアゲハチョウの仲間。秋、さなぎになって、寒い冬を乗りこえます。さなぎの色は、まわりの環境によって緑〜茶色までさまざまです。

分類：チョウ目 アゲハチョウ科
分布：日本全土
環境：公園、草原、林縁部
前ばねの長さ：50mm前後

ライフサイクルカレンダー

	3月	4月	5月	6月	7月	8月	9月	10月	11月	12月	1月	2月
1世代目	さなぎ	成虫										
2世代目以降			卵・幼虫・さなぎ・成虫のサイクルをくりかえす						さなぎ			

ナミアゲハの一生

多くは敵に見つかりにくい朝方などに羽化する。

さまざまな花のみつを長いストローのような口吻を使って吸う。

1mmくらいの黄色い卵を産む。ふ化が近づくにつれて黒色になる。

何月頃からさなぎが冬ごしするの？

日本全国に分布するため、地域による差がありますが、秋〜冬にさなぎになるものの多くは、さなぎのまま冬ごしします。幼虫時代の気温、日照時間、まわりの環境によって決まると考えられています。

3回脱皮すると、緑色の終齢幼虫になる。春〜秋までの間、卵〜成虫というサイクルをくりかえす。

白黒のもようをした幼虫で、鳥のふんに姿を似せていると考えられている。

幼虫 アカボシゴマダラ

冬ごしする場所 エノキの落ち葉のうら、エノキの根元

エノキの根元の幹や落ち葉を探してみると、幼虫が見つかるよ！

人が飼育していたものが野生化してしまった外来種です（奄美群島に生息するものを除く）。冬ごし後に羽化するものは、白色をした春型になるものが多くいます。

- 分類：チョウ目 タテハチョウ科
- 分布：関東全域、奄美群島
- 環境：公園、森林
- 前ばねの長さ：45mm前後

ライフサイクルカレンダー

	3月	4月	5月	6月	7月	8月	9月	10月	11月	12月	1月	2月
1世代目	幼虫	さなぎ	成虫									
2世代目以降				卵・幼虫・さなぎ・成虫のサイクルをくりかえす					幼虫			

アカボシゴマダラの一生

エノキの葉を食べ、終齢幼虫に成長する。

ぶら下がるようにしてさなぎになるので、葉のように見える。1週間ほどで羽化する。

羽化した成虫は、花ではなく樹液に集まる。長い口吻を使って樹液を吸う。

エノキの葉に縦線のある1mmほどの卵を産みつける。

まだ頭部に突起のない初齢幼虫。羽化した季節によって、成虫になるか幼虫で冬ごしするかが決まる。

そっくりな幼虫たち

エノキの葉をエサとしている同じタテハチョウの仲間には、国蝶のオオムラサキ、ゴマダラチョウがいます。見分けられるかな？

オオムラサキの幼虫
茶色のゴツゴツした幼虫で、背中に4対の大きな突起がある。

ゴマダラチョウの幼虫
茶色のぽってりとした幼虫で、背中に3対の大きな突起がある。

アカボシゴマダラの幼虫
背中に4対の突起があり、3列目の突起が発達している。

成虫 ルリタテハ

冬ごしする場所 壁の間、木のくぼみなど

- 分類：チョウ目 タテハチョウ科
- 分布：日本全土
- 環境：公園、森林
- 前ばねの長さ：35mm前後

はねの表に青色の帯があるチョウ。うら側は木の皮そっくりなもようで、鳥などの天敵から見つかりにくくなっています。花のみつではなく、クヌギやコナラなどの樹液やくさりかけた果物の汁などを吸います。

寒い冬の間、雨や風などを防げる温度変化の少ない場所でじっとしているよ！

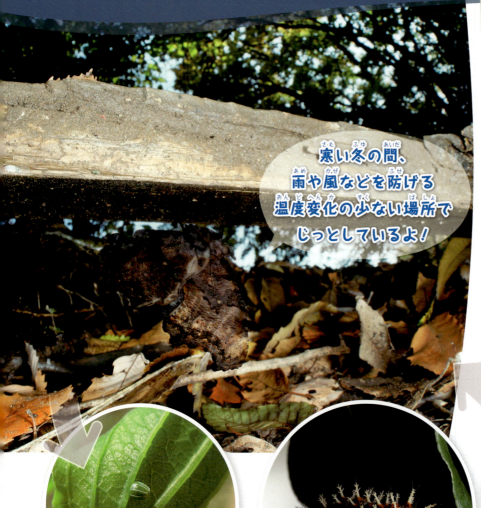

ユリやサルトリイバラなどに、縦すじのある緑色の楕円形の卵を産む。

幼虫は葉を食べて成長する。

さなぎは茶色の体に黄色の点があり、葉や枝からたれさがるようについている。

ライフサイクルカレンダー

	3月	4月	5月	6月	7月	8月	9月	10月	11月	12月	1月	2月
1世代目	成虫	成虫										
2世代目以降		卵・幼虫・さなぎ・成虫のサイクルをくりかえす							成虫	成虫	成虫	成虫

卵 ミドリシジミ

冬ごしする場所 ハンノキの枝のつけ根や樹皮のくぼみなど

- 分類：チョウ目 シジミチョウ科
- 分布：北海道〜九州の限られた地域
- 環境：森林
- 前ばねの長さ：20mm前後

初夏、ハンノキの枝や樹皮のくぼみに1mmにも満たない卵を産みつけ、このまま冬をこすよ。

オスのはねの表面は金属光沢のある緑色、メスの多くは茶色っぽい色をしています。早朝や夕方に活動します。

幼虫はハンノキの新芽に巣を作り、葉を食べて成長する。

葉や地面のかれ葉などで黄色〜褐色の卵円形のさなぎになる。

成虫は早朝と夕方に活発に飛ぶ。昼間は飛ばずに休んでいることが多い。

ライフサイクルカレンダー

	3月	4月	5月	6月	7月	8月	9月	10月	11月	12月	1月	2月
1世代目	卵	幼虫	幼虫	さなぎ	成虫	成虫						
2世代目				卵	卵	卵	卵	卵	卵	卵	卵	卵

さなぎ（まゆ）オオミズアオ

冬ごしする場所 土の上のかれ葉内

- 分類：チョウ目 ヤママユ科
- 分布：北海道〜九州
- 環境：公園、森林
- 前ばねの長さ：65mm前後

かれた葉と一緒に地面に落ち、春までまゆの中ですごすんだ。

白とエメラルドグリーンの体毛におおわれた美しいガの仲間で、夜に活動します。枝、葉などと口から出す糸で自分のまわりをおおって中でさなぎになり、雨、雪、外敵、紫外線などから身を守ります。

ふ化した幼虫は、さまざまな葉を食べて、成長する。

さなぎが羽化する。成虫は口がなく、何も食べずにすごす。

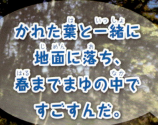

茶色いもようのある白い卵をまとめて産む。

ライフサイクルカレンダー

	3月	4月	5月	6月	7月	8月	9月	10月	11月	12月	1月	2月
1世代目	さなぎ（まゆ）		成虫									
2世代目		卵	幼虫		さなぎ	成虫						
3世代目					卵	幼虫		さなぎ				

幼虫（みの） オオミノガ

冬ごしする場所 木

幼虫は口から出す糸で葉や枝をつないでみのを作り、冬の寒さや外敵から身を守ります。そのみのの形から「ミノムシ」とよばれ、春にみのの中でさなぎになります。

葉や枝で作ったみのの中で幼虫が冬ごしするよ！

- 分類：チョウ目ミノガ科
- 分布：本州〜九州
- 環境：公園、草地など

成虫 フユシャクの仲間

冬ごしする場所 公園、森林

寒い冬でも成虫で活動するガです。フユシャクの仲間の多くは飛べるのはオスのみで、はねが退化しているメスは飛べません。

- 分類：チョウ目シャクガ科
- 分布：北海道〜九州
- 環境：公園、森林
- 前ばねの長さ：15mm前後

冬でも元気に飛びまわっているよ！

メスのフユシャクの仲間。

卵（卵しょう） オオカマキリ

冬ごしする場所　植物の枝や茎

200〜300個の小さな卵が泡のような「卵しょう」で包まれていて、寒さや敵から守られているよ。

林の近くの草むらや木の上にすむ、緑色または茶色の大きなカマキリ。前あしがカマのようになっていて、さまざまな昆虫をつかまえて食べます。

- 分類：カマキリ目 カマキリ科
- 分布：北海道〜九州
- 環境：公園、草原、林縁部、河原
- 体長：80mm前後

ライフサイクルカレンダー

	3月	4月	5月	6月	7月	8月	9月	10月	11月	12月	1月	2月
1世代目	卵	幼虫	幼虫	幼虫	幼虫	幼虫	幼虫	幼虫	成虫	成虫		
2世代目									卵	卵	卵	卵

オオカマキリの1年

脱皮をくりかえして、成長する。

春
あたたかくなると、卵しょうからいっせいにふ化する。幼虫の体の長さは、およそ8mm。

秋のはじめ
昆虫などを食べて大きくなる。羽化を終えて、成虫になる。

秋の終わり
数時間かけてススキや枝などに泡状の粘液といっしょに卵を産む。メスは数回産卵する。

冬ごしのひみつ

卵しょうを割ってみると、卵がたくさんの気泡によって衝撃や寒さから守られているのがわかります。梱包材やダウンジャケットのようなものです。ただし、卵や卵しょうを専門に食べる昆虫たちもいて、卵が全滅してしまうこともあります。

卵（卵しょう） チョウセンカマキリ

冬ごしする場所 植物の枝や茎など

開けた草地などで見られる大型種で、カマのつけ根の黄色〜オレンジ色の紋と、うっすらと色のついた後ろばねが特ちょうです。

細長い卵しょうは草地にあるよ！

- 分類：カマキリ目 カマキリ科
- 分布：本州〜沖縄
- 環境：草原、河原
- 体長：75mm前後

オオカマキリにそっくりだけど…

オオカマキリ

チョウセンカマキリ

オオカマキリとはカマのついた前あしのつけ根の色と、後ろのはねの色で区別するのが確実です。いちばん簡単な方法は、写真のように前あしのつけ根の色を見ることです。

卵（卵しょう） コカマキリ

冬ごしする場所 木、石、人工物のすきまなど

草地や林などで見られる小型種で、カマの内側の黒と白のまだらもようが特ちょうです。

- 分類：カマキリ目 カマキリ科
- 分布：本州〜九州
- 環境：公園、草原、林縁部、河原
- 体長：50mm前後

壁や石などを探そう！

卵（卵しょう） ハラビロカマキリ

冬ごしする場所 比較的高い場所にある木の幹や枝など

木の上での生活をこのむ中型種で、ずんぐりとした体型と上のはねの白いまだらもよう、カマにある黄白色のイボが特ちょうです。木の枝や、背の高い草でじっと獲物を待ちます。他のカマキリより、飛ぶことが得意です。

白がまざった褐色の卵しょうは、枝の先にあるよ！

- 分類：カマキリ目 カマキリ科
- 分布：本州〜沖縄
- 環境：公園、林縁部、森林
- 体長：60mm前後

成虫 ナミテントウ

冬ごしする場所 落ち葉の下、木や人工物のすきまなど

雨風などを防げる温度変化の少ない場所に集まり、体から奪われる熱や水分を最小限におさえているんだ。

黒色の体に赤や黄色の点々のもようがあるテントウムシで、背中のもようは個体によってさまざまです。10度以下になると、集団で冬ごしする様子が見られます。

- 分類：コウチュウ目 テントウムシ科
- 分布：北海道〜九州
- 環境：公園、林縁部、森林
- 体長：6mm前後

ライフサイクルカレンダー

	3月	4月	5月	6月	7月	8月	9月	10月	11月	12月	1月	2月
1世代目	成虫	成虫										
2世代目以降			卵・幼虫・さなぎ・成虫のサイクルをくりかえす						成虫	成虫	成虫	成虫

※夏の暑い時期は、成虫は活動を停止して夏眠する。

ナミテントウの一生

エサとなるアブラムシがいる植物にまとめて卵を産みつける。2、3日するとふ化する。

幼虫はアブラムシを食べながら脱皮をくりかえし、成長する。

春〜秋までの間、卵〜成虫のサイクルをくりかえす。

1週間ほどで成虫になる。羽化直後は黄色。

2〜3週間でさなぎになる。

ナナホシテントウはどこにいるの？

ナミテントウが集団で冬ごしすることが多いのに対して、1〜2匹で草の根元や石のくぼみなどで冬ごしする様子が見られます。

幼虫 カブトムシ

冬ごしする場所 落ち葉がつもった場所（腐葉土）

落ち葉の下の土を掘っていくと、幼虫発見！
冬になると、土の深い場所でじっとしているんだ。

黒色～赤黒色の大きな体と、発達した角を持つコガネムシの仲間です。冬の間は幼虫の姿で、あたたかい腐葉土の中で、じっとすごします。

- 分類：コウチュウ目 コガネムシ科
- 分布：北海道～九州
- 環境：公園、森林
- 体長：60mm前後

ライフサイクルカレンダー

	3月	4月	5月	6月	7月	8月	9月	10月	11月	12月	1月	2月
1世代目	幼虫	幼虫	さなぎ	さなぎ	成虫	成虫	成虫					
2世代目						卵	幼虫	幼虫	幼虫	幼虫	幼虫	幼虫

カブトムシの一生

4〜6月にさなぎになる。

3週間ほどして羽化する。体がたくなるまで、土の中でじっとしている。

夏、雑木林の樹液場でメスを待つ。

夏〜秋にかけて、メスは腐葉土にもぐって30個ほどの卵を産む。1〜2週間ほどでふ化し、幼虫は腐葉土を食べながら成長する。

腐葉土ってすごい！

カブトムシの幼虫にとってエサとなるだけではなく、落ち葉が腐葉土になるときに生じる熱と、空気をふくみやすい腐葉土の高い保温性が、寒い冬をこすための大きな助けになっています。

ノコギリクワガタ

幼虫 成虫

冬ごしする場所 コナラやクヌギなどのくさった木や土の中

コナラのくさった木の根元を崩してみると、小さな幼虫発見！冬の間は、木の中ですごしているんだ。

黒色～赤黒色のクワガタで、大型のオスは水牛の角のような形の大顎になります。多くは3齢幼虫で越冬します。ふ化した月によっては、卵や初齢・2齢幼虫で冬ごしするものもいます。

- 分類：コウチュウ目 クワガタムシ科
- 分布：日本全土
- 環境：公園、森林
- 体長：オス60mm前後、メス30mm前後

ライフサイクルカレンダー

	3月	4月	5月	6月	7月	8月	9月	10月	11月	12月	1月	2月
1世代目	成虫	成虫	成虫	成虫				※休眠していた成虫が6月頃に目覚め、地上出現し、交尾、産卵。				
2世代目					卵	卵	幼虫	幼虫	※多くは3齢まで成長し、冬に備えて栄養をたくわえる。			
2世代目（2年目）	幼虫	幼虫	さなぎ	さなぎ	さなぎ	成虫	成虫	成虫	成虫	成虫	成虫	成虫

ノコギリクワガタの一生

春〜夏

5〜8月、さなぎになる。

3〜4週間ほどで羽化する。

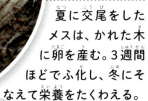

夏に交尾をしたメスは、かれた木に卵を産む。3週間ほどでふ化し、冬にそなえて栄養をたくわえる。

しばらくすると体がかたくなり、そのまま土の中で冬をこす。

2年目の夏

初夏、土の中から出てきた成虫は、雑木林の樹液場に集まる。

卵・幼虫 アブラゼミ

冬ごしする場所 かれた木の中（卵）、土の中（幼虫）

ケヤキなどのかれた部分に産卵管をさしこみ、細長い卵を1か所に10個ほど産むよ！

7月から9月頃に成虫になり、「ジーッ」という鳴き声で鳴き続けます。1年目は卵の姿で冬をこし、その後、2〜6年ほど幼虫の姿で土の中ですごします。

- 分類：カメムシ目 セミ科
- 分布：北海道〜九州
- 環境：公園、森林
- 体長：60mm前後

ライフサイクルカレンダー

	3月	4月	5月	6月	7月	8月	9月	10月	11月	12月	1月	2月
1世代目	卵	卵	卵	卵	幼虫	幼虫	幼虫	幼虫	幼虫	幼虫	幼虫	幼虫
数年後		幼虫	幼虫	幼虫	幼虫	成虫	成虫					
2世代目					卵	卵	卵	卵	卵	卵	卵	卵

※2年以上もの間、地中で成長する。

アブラゼミの一生

夏

2年以上
5～6月にかれ木から出てきた幼虫は地中に移動し、木や草の根から栄養分を吸収して成長する。

夏、十分に成長した幼虫は、夕方～夜にかけて土の中から木に移動する。

腹部をつなげて交尾する。成虫の寿命は、数週間くらいと考えられている。

夜、1時間ほどかけて羽化する。

実は長生き？

寿命の短い昆虫だと思われているセミですが、実はそうではありません。セミの仲間は数年～数十年という幼虫期間があるので、むしろ長寿な昆虫ともいえます。

公園で探してみよう！

土の中
栄養たっぷりの土（腐葉土）の中には、カブトムシやクワガタの幼虫がいることがあります。

プレートのうら
木の名前が書いてあるプレートをうらがえしてみましょう。つめたい風のあたらない場所は、冬ごしにぴったりです。

ウバタマムシ

エサキモンキツノカメムシ

クサギカメムシ

木の幹やくいなど

フユシャクの仲間のメス

冬、何もいないように見える公園も、木のすきまをよく見たり、落ち葉やプレートをめくったりすると、冬ごし中の昆虫が見つかります。探して観察してみましょう。

落ち葉のうら

テントウムシやカメムシの仲間がいることがあります。エノキの落ち葉の下にゴマダラチョウの幼虫がいるかもしれません。

木の枝

ミノムシ（ミノガの幼虫）

ハラビロカマキリの卵しょうやミノムシが見つかるかもしれません。

木の幹のすきま

ヨコヅナサシガメの幼虫

ナミテントウやカメムシの仲間が集団で冬ごししているかもしれません。

ススキなどの草

オオカマキリの卵しょう

池や小川の中

ヤゴ

卵（卵しょう） トノサマバッタ

冬ごしする場所 土の中

> 夏〜秋、メスは地面に腹部をさしこみ産卵するよ。卵は泡のような卵しょうに包まれているんだ。

緑色をした大型のバッタの仲間です。茶色や灰色のものなどもいます。

- 分類：バッタ目 バッタ科
- 分布：日本全土
- 環境：公園、草原、河原
- 体長：50mm前後

ライフサイクルカレンダー

	3月	4月	5月	6月	7月	8月	9月	10月	11月	12月	1月	2月
1世代目	卵	卵	卵	幼虫	幼虫	成虫						
2世代目						卵	幼虫	成虫	成虫			
3世代目								卵	卵	卵	卵	卵

トノサマバッタの一生

ふ化した幼虫は、ススキなどのイネ科植物を食べて成長する。

数回の脱皮をくりかえし、成虫になる。

長いはねと発達した後ろあしを使って飛び、広い範囲で食べ物や交尾相手を探せるようになる。

オスがメスの背中にのり、交尾する。

泡と土の中、ダブルで安心？

土の中に卵しょうとともに卵を産み、寒さや衝撃から卵を守ります。土の中は温度変化も少なく安全な場所のように見えますが、卵しょうを専門にねらう天敵もいます。

成虫 ニホンミツバチ

冬ごしする場所 樹洞などの閉鎖空間内の巣

- 分類：ハチ目 ミツバチ科
- 分布：本州〜九州
- 環境：都市部、草原、林縁部
- 体長：13mm前後

日本にむかしからいるミツバチ。さまざまな植物の花から、みつや花粉を集めて巣にため、人間がこれを「はちみつ」として利用しています。成虫の寿命は1か月ほどですが、11月頃の成虫は2〜3月まで生きる「越冬ばち」となり、巣のまん中に集まってみんなで体をあたため合い、みつや花粉を少しずつ食べながら冬ごしします。

巣の中で体をあたため合うよ。

セイヨウミツバチより体の色が黒っぽい。冬が近づくと、ますます黒くなる。

秋、花のみつや花粉をたくさん集め、冬に備える。写真はみつがしたたるほどに出たサザンカの花。

ライフサイクルカレンダー

4月	5月	6月	7月	8月	9月	10月	11月	12月	1月	2月	3月
成虫			卵・幼虫・さなぎ・成虫のサイクルをくりかえす					越冬ばち（成虫）			

※卵〜成虫になるまでは約21日。

幼虫 シオカラトンボ

冬ごしする場所 池の泥

- 分類：トンボ目 トンボ科
- 分布：日本全土
- 環境：水田、池、湖沼などの流れのあまりない水域
- 体長：50mm前後

成熟したオスは青色、メスは黄色の美しいトンボです。幼虫はヤゴとよばれ、水の中で小さな昆虫や小魚などを食べて大きくなります。冬はほとんど何も食べずにじっとで冬ごしをします。

> 水底の泥の中でじっと春を待っているよ！
> ヤゴはエラがあるので、水中でも呼吸できるんだ。

羽化したばかりのオスは茶色。成熟するまでの間、水辺からはなれてくらす。

オスは成熟すると、美しい青色のトンボになる。

水辺でメスを待ち交尾する。メスは体が黄色。

ライフサイクルカレンダー

	3月	4月	5月	6月	7月	8月	9月	10月	11月	12月	1月	2月
1世代目	幼虫	幼虫	幼虫	成虫	成虫	成虫						
2世代目以降				卵・幼虫・成虫のサイクルをくりかえす						幼虫	幼虫	幼虫

成虫 タガメ

冬ごしする場所 たおれた木や石の下

- 分類：カメムシ目 コオイムシ科
- 分布：北海道をのぞく、日本全土
- 環境：水田、ため池、水路
- 体長：60mm前後

> 水に氷がはる頃になると、水から出て、たおれた木や石の下で冬をこすよ。水の中では息ができないんだ。

水中生活に適応した夜行性のカメムシの仲間です。口吻をえものにさして消化液を注入し、とかして食べます。

メスが産卵し、オスが世話をする。

腹部の先端にある呼吸管を水面に出して、酸素を取り入れる。ヤゴのようなエラは持たない。

ライフサイクルカレンダー

	3月	4月	5月	6月	7月	8月	9月	10月	11月	12月	1月	2月
1世代目	成虫	成虫	成虫	成虫	成虫							
2世代目			卵	幼虫	幼虫	幼虫	幼虫	成虫	成虫	成虫		

さくいん

ア
- アカボシゴマダラ ……………… 6-7
- アブラゼミ ……………………… 22-23
- ウバタマムシ …………………… 24
- エサキモンキツノカメムシ ……… 24
- オオカマキリ ………… 12-13, 14, 25
- オオミズアオ …………………… 10
- オオミノガ ……………………… 11, 25
- オオムラサキ …………………… 7

カ
- カブトムシ ……………… 18-19, 24
- クサギカメムシ ………………… 24
- コカマキリ ……………………… 15
- ゴマダラチョウ ………………… 7

サ
- シオカラトンボ ………………… 29

タ
- タガメ …………………………… 30
- チョウセンカマキリ …………… 14
- トノサマバッタ ………………… 26-27

ナ
- ナナホシテントウ ……………… 17
- ナミアゲハ ……………………… 4-5
- ナミテントウ …………………… 16-17
- ニホンミツバチ ………………… 28
- ノコギリクワガタ ……………… 20-21

ハ
- ハラビロカマキリ ……………… 15
- フユシャクの仲間 ……………… 11, 24

マ・ヤ・ラ
- ミドリシジミ …………………… 9
- ミノムシ ………………………… 25
- ヤゴ ……………………………… 25, 29
- ヨコヅナサシガメ ……………… 25
- ルリタテハ ……………………… 8

参考にした本
『新版 小学館の図鑑NEO 昆虫』(小学館)
『ハチ まるごと！図鑑』(大阪市立自然史博物館)
『日本産蝶類標準図鑑』(学研プラス)
『イモムシハンドブック』(文一総合出版)
『日本のトンボ』(文一総合出版)
『バッタ・コオロギ・キリギリス生態図鑑』
　　　　　　　　　　　　(北海道大学出版会)

用語
成虫：これ以上の成長や変態をおこさない状態のこと。
変態：幼虫が成虫になる過程で、大きく姿を変えること。幼虫からそのまま成長し、成虫になる虫もいる。
ふ化：卵から出てくること。
幼虫：ふ化後、成虫になるまでの成長過程にある虫のこと。
さなぎ：幼虫が成虫になるために変態して姿を変えた状態のこと。動かないものが多い。
　　　　まゆを作るものもいる。
羽化：虫が幼虫もしくはさなぎから、成虫になること。
まゆ：さなぎなどを包みこんで保護するおおいのこと。幼虫が分泌した糸などで作られることが多い。

写真・文／星 輝行（ほし てるゆき）

日本獣医生命科学大学獣医学部卒業。動物病院勤務などを経て昆虫写真家に転職。現在は、昆虫が苦手な人にも興味をもってもらえる写真を撮るため、オリジナル機材を使用した飛翔撮影、広角拡大撮影などに取り組んでいる。著書に『空を飛ぶ昆虫のひみつ』（少年写真新聞社）などがある。

写真／藤井英美(p.28)　amanaimages　Photolibrary　PIXTA
絵／林 四郎（画工舎）
表紙・本文デザイン・DTP／國末孝弘（blitz）

探して発見！観察しよう
生き物たちの冬ごし図鑑 昆虫

2017年 9 月　初版第一刷発行
2021年11月　初版第四刷発行

写真・文	星 輝行
発 行 者	小安宏幸
発 行 所	株式会社 汐文社

　　　　　　〒102-0071 東京都千代田区富士見1-6-1
　　　　　　TEL 03-6862-5200　FAX 03-6862-5202
　　　　　　http://amww.choubunsha.com

印刷・製本　　株式会社広済堂ネクスト

ISBN978-4-8113-2366-4
乱丁・落丁本はお取り替えいたします。
ご意見・ご感想はread@choubunsha.comまでお寄せください。